小小梦想家

[日]茂木健一郎 ○ 著
郑世凤 ○ 译

青岛出版集团 | 青岛出版社

NOU KAGAKUSHA GA KODOMO NOTAME NI KANGAETA YUME WO KANAERU CHIKARA NO NOBASHIKATA by Kenichiro Mogi
Copyright by © 2020 Kenichiro Mogi
Original Japanese edition published by Takarajimasha Inc.
Simplified Chinese translation right arranged with Takarajimasha Inc. through East West Culture & Media Co., Ltd., Tokyo Japan
Simplified Chinese translation right 2022 by Qingdao Publishing Co. Ltd., Qingdao China

山东省版权局著作权合同登记号：图字 15-2022-57

图书在版编目（CIP）数据

小小梦想家 /（日）茂木健一郎著；郑世凤译. -- 青岛：青岛出版社，2022.5
 ISBN 978-7-5736-0218-3

Ⅰ.①小… Ⅱ.①茂… ②郑… Ⅲ.①成功心理 - 少儿读物 Ⅳ.①B848.4-49

中国版本图书馆CIP数据核字(2022)第079411号

		XIAOXIAO MENGXIANGJIA
书	名	小小梦想家
著	者	［日］茂木健一郎
译	者	郑世凤
出版发行		青岛出版社
社	址	青岛市崂山区海尔路182号
本社网址		http://www.qdpub.com
邮购电话		0532-68068091
策划编辑		周鸿媛
责任编辑		贾华杰 张佳妮 孔晓南
特约编辑		姜超群
装帧设计		象上设计
插	画	［日］野田节美
照	排	青岛乐喜力科技发展有限公司
印	刷	青岛嘉宝印刷包装有限公司
出版日期		2022年6月第1版　2022年6月第1次印刷
开	本	32开（890 mm×1240 mm）
印	张	4
字	数	64千
书	号	ISBN 978-7-5736-0218-3
定	价	49.80元

编校印装质量、盗版监督服务电话：4006532017　0532-68068050

写给孩子的话

致具有无限可能性的你

10年后的你,会长成一个怎样的人呢?

当今社会瞬息万变,网络和人工智能等急剧发展,人类迎来了一个堪称百年不遇的变革的时代。因此,当你长大成人的时候,现有的"成功法则"和"正确答案"或将不再适用。那么,要在这种"没有答案的时代"中生存下去,你应该做点儿什么呢?

为了更好地迎接未来世界的挑战,你需要具备6大能力,它们是"挑战力""失败力""交友力""学习力""沉迷力"以及"实现梦想的能力"。

这些都是在学校或者教科书中学不到的,却是一个人要在21世纪有所作为所必需的重要能力。

大脑潜力无穷,你永远都有无限可能。所以,投身于崭新的世界,朝着"理想的自己"迈进吧!

茂木健一郎

享受变化，
朝着理想的自己出发！

脑科学家茂木健一郎老师来到了想成为网红主播的小隆面前！

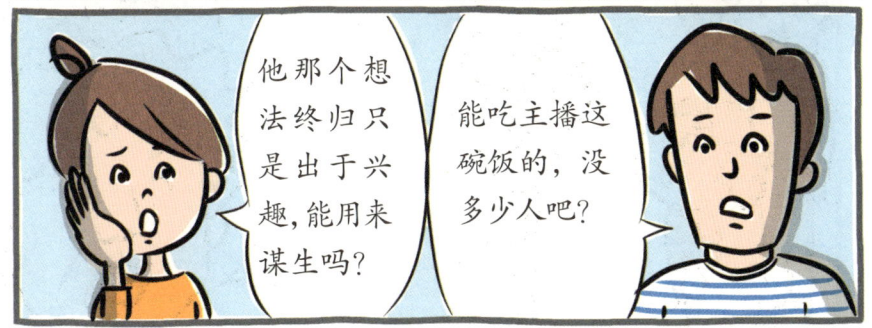

1
增强"挑战力"，不断提升自己

1	"欢欣雀跃"是最强能量	2
2	每天都让自己吃惊吧	4
3	做"第一只跳到海里的企鹅"吧	6
4	不要害怕变化，要尽情地享受它	8
5	给自己出点儿难题吧	10
6	"永远五岁"最无敌！	12
7	游戏规则自己定	14
8	提升"无聊力"	16
9	人前傻点儿又何妨	18

我的孩提时代 ①

给自己出难题：绕着校园跑道跑50圈！　　20

❷ 锻炼"失败力",将危机转化为自我完善的良机

10	享受失败吧	22
11	能"挨打"的人不怕输	24
12	比起大获全胜,还是 6 胜 4 负比较好	26
13	把自卑化作"自嘲"	28
14	情绪失落时,就"重置系统"吧	30
15	给自己搭建一个"安全基地"	32
16	跟自己说:"我真棒!"	34
17	伟大的发明有时来源于缺点或不擅长的事	36

我的孩提时代 ❷

虽然不擅长运动,但我至今仍在坚持长跑　　38

3 提高"交友力",长大后也会受益良多!

18	被人指出自己的问题是很幸运的	40
19	为自己找一个竞争对手吧	42
20	朋友会告诉你"真正的你自己"	44
21	锻炼一下"闲聊力"吧	46
22	"与众不同"是很棒的	48
23	与人快乐,脑也快乐	50
24	海内存知己,天涯若比邻	52
25	投身一个新世界,会邂逅一个新的自己	54
26	会察言观色,但不轻易屈从	56

我的孩提时代 ③

我与小学时代的朋友的那些往事　　58

教科书中没有教的、真正的"学习力"养成方法

27	不用非要寻找正确答案	60
28	最好的学习就是"犯错"	62
29	把学习当成游戏去玩吧	64
30	找到一个适合自己的做法	66
31	提出问题比回答正确更重要	68
32	就"强词夺理"吧	70
33	灵光往往闪现于发呆时刻	72
34	在校外同样可以获取知识	74

我的孩提时代 ❹
学习,不仅仅是上课认真听讲　　　　76

5 提高"沉迷力",成为"理想的自己"

35	索性废寝忘食吧	78
36	"玩"出新发现	80
37	不管那么多,先试试再说	82
38	"玩物"未必丧志	84
39	以博学为目标吧	86
40	找到自己专享的世界	88
41	有什么不明白的就马上去查一下	90
42	"完成力"是从"三天打鱼,两天晒网"开始的	92

我的孩提时代 ⑤
沉迷于喜欢的东西的能力很重要　　　　94

6 培养"实现梦想的能力"

43	多多感动吧	96
44	越经常把梦想说出来,越容易顺利实现它	98
45	寻找师父	100
46	找出自己的不足	102
47	不要给自己妄下定论	104
48	成为漫画主人公:"本公"在此	106
49	锻炼完胜人工智能的"直觉力"吧	108
50	大脑没有"已达极限"的概念	110

写给爸爸妈妈的话　　　　　　　　　　112

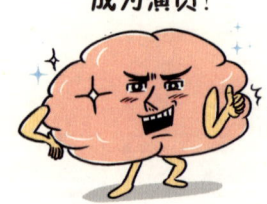

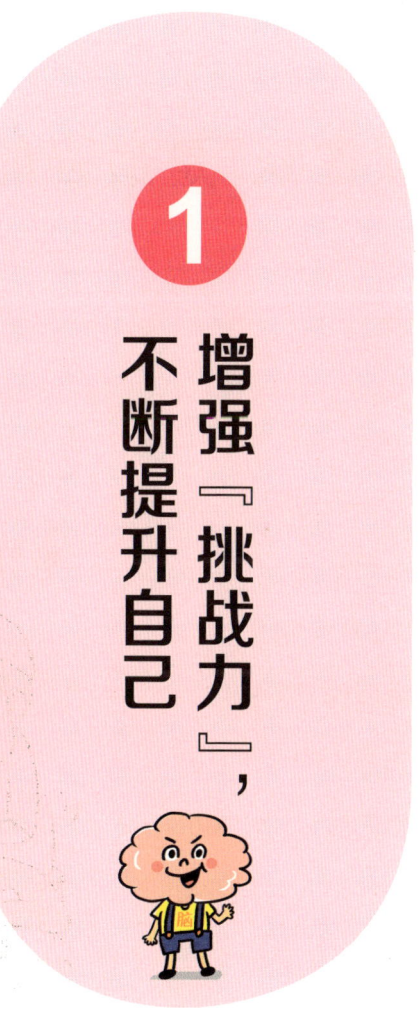

1 增强『挑战力』，不断提升自己

接触一种新事物的时候，我们会感觉不安，但也会心跳加速、兴奋不已，对吧？这会促进大脑的发育，所以，让我们尽情挑战吧！

1 "欢欣雀跃"是最强能量

第一次挑战新事物的时候，我们会心跳加速、欢欣雀跃，对吧？

这是因为大脑里面分泌出了一种叫作"多巴胺"的物质，它是人的"干劲源泉"。当多巴胺分泌出来的时候，大脑会陷入对某件事沉迷的状态之中。大脑沉迷于某件事无法自拔时，人就会感觉很爽。所以，让我们每天都挑战新事物吧！

增强"挑战力",不断提升自己

给爸爸妈妈的话

孩子在重复地做开心的事情时,脑内会分泌多巴胺。当出现这种情况的时候,就让他玩个够吧,不要阻止。

2 每天都让自己吃惊吧

挑战无法预料结果的事情时，人们会感到不安，对吧？但是，如果结果与预料的相反，大脑就会分泌出作为"干劲源泉"的多巴胺。面对意料之外的事情，大脑就会兴奋起来，并将那些新鲜元素吸收殆尽。

所以，每天都让自己吃惊一下吧！

"50%的结果是可以预料到的，而另外50%就不知会怎样了！"这样的挑战是最能刺激大脑成长的。

增强"挑战力",不断提升自己

给爸爸妈妈的话

爸爸妈妈常常把孩子导向一个令自己安心的安全地带。殊不知,爸爸妈妈也应不时地让孩子挑战一下那些无法预知的事情。

3 做"第一只跳到海里的企鹅"吧

群居的企鹅们在迁徙到一片新的海域时,谁都不想先跳到海里去。它们虽然很想捕食,却害怕会遇上天敌。

即便这样,第一只鼓

增强"挑战力",不断提升自己

给爸爸妈妈的话

要想使孩子成为"第一只跳到海里的企鹅",建议从孩提时代就开始锻炼他。不要阻止孩子,而要从后面推他一把。

起勇气跳进海里的企鹅最终还是出现了!

不惧危险、挑战别的企鹅都不敢做的事情,这样的"第一只跳到海里的企鹅"总会得到比别的企鹅都多的食物。

如果到了一片新的"海域",你是否敢第一个"跳"进"海"里呢?

4 不要害怕变化，要尽情地享受它

增强"挑战力",不断提升自己

在换班或转学时,环境或规则都会发生变化。在这样的情况下,任何人都会心存不安、不知所措,对吧?

新环境对大脑来说,却是一顿"最丰盛的大餐"。

今后,机器人和人工智能等技术会不断发展进步,世界也日新月异。所以,让我们不惧变化,尽情地享受变化吧!在享受的过程中,我们就会不知不觉地习惯新环境了。

给爸爸妈妈的话

孩子比成年人的适应能力更强,成年人还在局促不安时,他们已然在适应新环境的过程中了。

5 给自己出点儿难题吧

给别人出难题不如给自己出难题。试着让自己做一做那些从未做过的或者看似难做的事情吧!比如,一天读完一本超厚的书,坚持跑完1000米,等等。

当我们成功挑战

增强"挑战力",不断提升自己

给爸爸妈妈的话

给自己出难题并去挑战的经历是人一生的财富。即便没有成功,这种经历也会让孩子加速成长。

了高难度的事情或者做到了原本认为不可能做到的事情的时候,大脑就会分泌出多巴胺。就算没有挑战成功也OK(可以)的,因为经常给自己设置挑战的人会不断成长。

6 "永远五岁"最无敌！

你们大家可都是天才呢！在不被常识束缚的孩提时代，每个人都是天才。可是，为什么在长大的过程中，大家一个个都变得普通了呢？其实，在某一领域出类拔萃的人大多数是常怀赤子之心的。被誉为"天才艺术家"的毕加索把像孩子一样作画当作自己的毕生目标。所以，永葆一颗"五岁孩童的心"是非常重要的。

增强"挑战力",不断提升自己

心理年龄才五岁

给爸爸妈妈的话

孩子的大脑发育飞快。在这个学习的黄金期里,尽可能地拓展他们的可能性吧!

7 游戏规则自己定

游戏、玩耍、运动都是讲规则的,对吧?遵循着既定规则相互竞争、一决胜负虽说也挺让人开心的,但是,更好玩的是自己制定游戏规则。

就像"坏人"啦,"出现红色就算输"啦,

增强"挑战力",不断提升自己

等等,什么样的游戏规则都行。重要的是去思考怎么玩才能让自己和大家都玩得开心。不管玩什么游戏,比起遵循既定规则,自己去制定规则才会让人感觉更有意思呢!

给爸爸妈妈的话

从零开始制定规则去玩,思考怎么玩才能让大家开心,这些都是最高级别的脑力运动。

8 提升"无聊力"

实际上,觉得"无聊"是一件好事。

无聊就好比是大脑饿了。也就是说,大脑想要快乐的刺激了。

"有没有什么新鲜有趣的事发生呢?"大脑就是这般对新鲜事物有着旺盛的好奇心呢。无聊的时候,自己创造一个游戏玩,便是在给予大脑最好的营养。

能够想到方法来消遣无聊时光的孩子,长大成人之后也会不断进步。

增强"挑战力",不断提升自己

给爸爸妈妈的话

把"无聊"当成口头禅的孩子其实对新事物有着强烈的好奇心。如果他感觉无聊的话,就让他自己设计一个游戏来玩吧!

9 人前傻点儿又何妨

在大家面前失败,也许会感觉羞耻。但是,即便知道会出丑也要主动行动的人,反而更有魅力。

敢在人前犯傻,就会变得不惧失败,敢于挑战新事物了。不必在意别人的评价,别管三七二十一,先行动起来吧!长此以往,你就会练就一身能让自己在社会上好好生存下去的"突破力"。

增强"挑战力",不断提升自己

噓——

给爸爸妈妈的话

越是工作做不好的人,越爱不懂装懂。越是成功的人,越不会因为有不知道的事情而感到羞耻,越敢于犯傻。

哎呀,哈哈……

好难啊!

噓

哗

给自己出难题：绕着校园跑道跑50圈！

我从小就会给自己提"无理要求"，而且提了很多次。比方说，小学二年级的时候，某次放学后我突发奇想："绕着200米的跑道跑上50圈吧！"虽然最后累得筋疲力尽，但我还是跑完了呢。

还有读高中的时候，我某天突然立志"读英文书时不查字典"。一开始真是苦不堪言，但是咬着牙坚持读下去以后，我慢慢就变得能读下来了。

为什么当时会出现那种想法呢？直到现在我依然觉得不可思议。但不管是怎样的"难题"，试着做一下或许就能带来很大的乐趣呢。

2 锻炼『失败力』,将危机转化为自我完善的良机

虽然失败的时候我们会心有不甘,也会情绪低落,但是,失败得越多,大脑就会成长得越多。所以不要害怕失败哟!

10 享受失败吧

锻炼"失败力",将危机转化为自我完善的良机

遭遇失败或者进展不顺的时候,我们会感觉很难受,对吧?但是,请你回想一下,在玩的时候,你是不是即使失败了也不会觉得很扫兴呢?玩抛接球的时候球不知道飞到哪里去了,捉迷藏的时候不小心摔倒了,即便这样你也都笑呵呵的,很开心,对吧?

所以,学习也好,运动也好,把它们当成"玩"就可以很轻松了呢!在玩的时候,大脑的学习力最强了!

给爸爸妈妈的话

回想一下幼儿时期那种"不管结果怎样都很开心"的心情。以同样的心情享受失败吧。

11 能"挨打"的人不怕输

给爸爸妈妈的话

爸爸妈妈都希望让孩子赢。但是，特意做一下失败练习，孩子就能够无所顾忌地迎接挑战了。

锻炼"失败力",将危机转化为自我完善的良机

学习柔道的摔技时,必须先从被摔开始练习。练习者在被对手摔出去的时候,要记得用双手拍击榻榻米以缓和冲击,防止受伤。

学会了自我保护的技巧后,即便被对手摔出去也不会害怕了。所以,在进行挑战的时候,可以先练习一下"挨打"。只要能做好安心地输的心埋准备,就可以无所畏惧地迎接挑战啦!

12 比起大获全胜，还是6胜4负比较好

锻炼"失败力",将危机转化为自我完善的良机

失败的话就会心情低落,会觉得很丢脸,所以大家都很讨厌失败,对吧?其实呀,多体验失败才好呢。比起10战全胜,还是6胜4负的结局更好。

因为失败得越多,大脑就成长得越多。那些成功的成年人,他们都经历过很多次失败呢。所以,根本没有必要害怕失败!

给爸爸妈妈的话

在孩提时代没经历过失败的小孩,长大成人以后一旦遭遇重大失败,就不知道该怎样跨越难关了。

13 把自卑化作"自嘲"

锻炼"失败力",将危机转化为自我完善的良机

谁都不愿意把自身不好的地方展示于人前,对吧?但是,能把自己的痛苦或弱点当成笑料的人,他的内心是非常强大的。

把自己的糗事变成笑料既需要勇气,又必须具备客观认识自己的能力。"我又搞砸了呢!"这样欢快地把丢人的事当成段子说出来,心情也会变得轻松一些呢。

给爸爸妈妈的话

虽然没有必要让孩子勉强自己把缺点当成笑料,但是,知道有这么一种处理方法,他说不定也会轻松一些。

14 情绪失落时，就"重置系统"吧

有的孩子即使挨骂或者失败了，过不了几秒钟也会"扑哧"一声笑出来的，对吧？这可不是什么坏事。这是因为他的大脑具备一种切换能力。所以，如果遇到讨厌的事情，就尽情地"重置系统"好了。活动活动身体，去公园走一走，剪剪头发，等等，做啥都可以。而且，一天当中"重置"几次都没有问题。善于"重置"自己的人，对于变化和危机也能够应付自如。

锻炼"失败力",将危机转化为自我完善的良机

给爸爸妈妈的话

想换个心情的时候,与其在头脑中切换,不如换换衣服、外出走走……切换一下行动或环境会更容易改变心情。

哇!
哇!
哇!

15 给自己搭建一个"安全基地"

锻炼"失败力",将危机转化为自我完善的良机

心累的时候就逃进"安全基地"吧!所谓"安全基地",就是能使自己安下心来的场所。选择自己的房间也行,去妈妈那里也可以,公园也不错。

能够让你感到安心的场所就是那个能让你感到幸福的场所。幸福就是一个人成长的动力,越是感到幸福的人,就越能挑战各种各样的事情。

给爸爸妈妈的话

"安全基地"是心灵的港湾、自信的源泉。爸爸妈妈既不要对孩子过度保护,也不要对他们漠不关心,帮孩子搭建一个受伤时可以好好休整的场所吧!

16 跟自己说:"我真棒!"

你擅长什么,又不擅长什么呢?

比如虽然不擅长短跑,但是比较有耐力,长跑不错;虽然不擅长跟别人交流,但是能安静地做手工……任何人都有自己擅长的事和不擅长的事,对吧?这不是"好或坏"的问题,只是个性使然而已。

要正视真实的自己(包括自己擅长的和不擅长的事),要给真实的自己疯狂点赞:"我真棒!"

锻炼"失败力",将危机转化为自我完善的良机

我真棒!
我真棒!
我真棒!
我真棒!
我真棒!
我真棒!

给爸爸妈妈的话

要培养孩子的自我肯定感。优点也好,缺点也罢,爸爸妈妈要学会坦然接受孩子的全部,彻底认识真实的他们。

17 伟大的发明有时来源于缺点或不擅长的事

发现自己有缺点，就会感觉苦恼，对吧？其实，因为缺点或不擅长的事而产生的发明有很多呢！比如，哆啦Ａ梦的"熟记面包"，学习好的孩子就想不出来吧？

给爸爸妈妈的话

也有些好东西是孩子的缺点或不擅长的事情带来的。所以，爸爸妈妈不要太在意孩子的缺点，用长远的眼光好好守护他们吧！

锻炼"失败力",将危机转化为自我完善的良机

很多发明或创意都是在"做不到才好好想办法"或者"想更省力、更容易地做好"这样的思路中诞生的。所以,没有必要因为有缺点或不擅长的事情而过度苦恼呀!

虽然不擅长运动，但我至今仍在坚持长跑

我的孩提时代 ❷

我上小学的时候很不擅长运动，常常一个人练习投球、举重等，做各种各样的努力。尤其是短跑，我完全提不起速度来。

但有一次，我忽然意识到："如果在长跑上努力一下，我应该会取得不错的成绩！"这么一想，我的心情就轻松了一些。甚至后来，我还代表学校参加了长跑大赛呢！

然后直到现在，长大成人的我也依然坚持每天跑上 10 千米左右。运动项目并非只有短跑一种，从自己能做到的运动开始，好好享受并且喜欢上它，你一定会受益无穷的！

3 提高『交友力』,长大后也会受益良多!

无法和同学好好相处的话,会感觉很苦恼,对吧?但是,这并不是因为你自身存在问题。拓宽视野,在校园之外,你一定会交到真正跟你志趣相投的朋友。

18 被人指出自己的问题是很幸运的

当自己被人指出有问题时,你是不是很上火啊?其实,被人指出问题是一件应该感到很幸运的事情呢。别人为了你好而指出你的问题,会让你意识到自己之前未曾注意过的事情。

有些伟大的发明或发现,在最开始的时候也都受到了批判或嘲笑,但它们仍然跨越这些障碍而诞生了。

当然,如果对方只是单纯地说坏话或者嫉妒你的话,就无视他们吧!

提高"交友力",长大后也会受益良多!

给爸爸妈妈的话

当孩子因为被人指出问题而失落的时候,向他们了解一下具体情况吧。对于那些心存恶意的坏话,只需告诉孩子一句话:"别在意!"

19 为自己找一个竞争对手吧

你有什么竞争对手吗?

跑步也好,跳舞也罢,哪个方面都行,给自己寻找一个竞争对手吧。不要在电视中或者网络上寻找竞争对手,最好选择身边的人。因为竞争对手在眼前的话,大脑就会动真格的。所以,如果你觉得"那家伙好厉害啊",跟他学就好。竞争对手是会助你成长的。

提高"交友力",长大后也会受益良多!

发现对手!

给爸爸妈妈的话

比起读伟人传记的时候,当榜样真实存在于眼前时,大脑会产生更为强烈的反应。能让我们知不足而奋进的对手才是最棒的宝物。

20 朋友会告诉你"真正的你自己"

"你真喜欢画画啊……"

提高"交友力",长大后也会受益良多!

你是不是觉得自己最了解自己呢?事实上,如果没有"他人"这面镜子的话,我们是很难真正了解自己的。

跟朋友相处的过程中,你会突然意识到:"咦,我唱歌还挺好的呀!""呀,或许我喜欢画画呢。"

朋友会告诉我们,我们未曾了解的自己是什么样的,所以要珍惜朋友哟!

给爸爸妈妈的话

大脑有一种映射出对方的行动和感觉并进行认知的功能。通过与人接触,我们可以了解自己的个性。

21 锻炼一下"闲聊力"吧

　　会闲聊的人也是善于用脑的人。这种人不仅博学多识,还能把话说得深入人心、让大家乐在其中,他们的话题也来得很快……在闲聊方面,我认为人工智能恐怕无法超越有情感、会思考的人类。

　　好的闲聊有时候还会让人产生一些新的点子。所以,让我们多跟各种人聊天,好好锻炼自己的"闲聊力"吧。

提高"交友力",长大后也会受益良多!

给爸爸妈妈的话

闲聊时各种话题交杂在一起、交流内容瞬间切换,所以,它是一种颇有高度的智力行为。拥有"闲聊力"对成年人也十分有帮助。

22 "与众不同"是很棒的

提高"交友力",长大后也会受益良多!

如果你跟大家话不投机、相处不来的话,也许就会自我质疑:"难道我不正常吗?"

但是,漫画和电影里有各种各样的角色,对吧?原本毫无存在感的配角,有时候也会在重要场合中发挥重大作用。现实社会中也一样,人们各自发挥着不同的作用。没有人气也好,无法自如地表现自己也罢,你一定会有"因为是你,所以可以"的独特作用。相信自己,你没有问题的!

给爸爸妈妈的话

一百个人有一百种个性。个性没有好坏,都是合理的存在。不管什么个性的孩子都有他相应的作用。我们大人要把这一点告诉孩子。

23 与人快乐,脑也快乐

最近,你让别人快乐过吗?

只要为别人做了点儿什么,无论这件事多么小,你自己的大脑都会快乐呢!

有时为了让一个人开心,你会想破脑袋,对吧?

为对方做了点儿什么而让他快乐,是一种比任何学习都重要的经历。

提高"交友力",长大后也会受益良多!

哇!谢谢!

礼物

生日快乐!

给爸爸妈妈的话

有研究显示,当我们为他人做了好事的时候,就跟自己快乐的时候一样,脑内也会分泌出多巴胺。

24 海内存知己，天涯若比邻

就算你在自己班里没有朋友，也不要苦恼哟。

你现在没有朋友，并不是因为你有问题，也不是因为你魅力不够。

即使现在你形单影只，但在重新分班或者升学后，你也许就会找到跟你投缘的朋友了。越是觉得"自己跟别人不一样"的人，在遇到"志同道合者"的时候，就越容易和其结下深厚的友谊。

朋友不在多，只要在世界上的某个角落有你的朋友就足够了。

提高"交友力",长大后也会受益良多!

给爸爸妈妈的话

如果孩子在学校里交不到朋友,那就带他去校外那些令他感兴趣的地方,说不定在那里就能遇到志趣相投的好朋友了。

25 投身一个新世界，会邂逅一个新的自己

　　学校里的朋友固然重要，但是在学校之外，你也要经常跟形形色色的人接触哟！

　　上兴趣班也行，参加夏（冬）令营也可以。每到一个新的场所，你便会担任与平时不同的角色。在这个过程中，你就会发现自己未曾意识到的新的可能性。

　　投身新的世界，就是邂逅新的自己。一直持续下去的话，就可以获得各种各样的可能性哟！

提高"交友力",长大后也会受益良多!

给爸爸妈妈的话

在学校里被长时间地固定在座位上,有的孩子会觉得很憋屈。课后为他准备更多不同的环境,来扩展他的世界吧。

26 会察言观色，但不轻易屈从

如果做出扰乱现场气氛的发言或者行动的话，会被人说："真是个不会察言观色的家伙！"

当然，比起不懂察言观色，还是有点眼力见儿比较好。但是，即便会察言观色，也不一定要迎合他人的心意。其实，在致力于改变这个世界的人们当中，有很多人即使会察言观色也敢于不屈从。持有"会察言观色，但不轻易屈从"这种态度的人才能创造出新生事物哟！

提高"交友力",长大后也会受益良多!

给爸爸妈妈的话

"会察言观色,但不轻易屈从"的能力在长大成人以后就很难再练就了。这是一项需要从孩提时代就开始锻炼才能具备的能力。

我与小学时代的朋友的那些往事

我的孩提时代 ③

在我小学的同级生里面，有很多个性丰富的孩子。我记得当时自己对一个很懂花的女孩子非常敬佩，还记得班里有一个对各种拉面了如指掌的"拉面博士"。

某天，我接到了一个女孩子打来的电话，不禁心跳加速。她说："快来看看我家院子里这只青虫是什么虫的幼虫啊！"我当时就想："我就是这样的存在啊？哈哈哈哈……"

还有一次，我跟一个运动能力很好的孩子大吵了一架。第二天一早，我还在为此事烦恼，他却像往常一样跟我打招呼。我想："这家伙挺不错的呢！"

从和不同朋友的相处中，我学到了很多。

喂，喂，是茂木同学吗？我搞不懂这是什么虫子了。快来！

什么事儿？啊？

4 教科书中没有教的、真正的『学习力』养成方法

在今后的时代，我们会遇到很多无法解答或者有很多答案的问题。所以，我们必须掌握真正的、"用自己的脑袋思考问题"的能力！

27 不用非要寻找正确答案

当被别人问问题的时候,你是不是会想"不说个正确答案是不行的"呢?

但是,有正确答案的问题往往只出现在考试中。在这个世界上,没有正确答案的问题有很多很多。

所以,比起寻找正确答案,做一个"如果这么做的话,是不是就能解答?"这样的假设,我觉得才是最重要的。

教科书中没有教的、真正的"学习力"养成方法

给爸爸妈妈的话

虽然很多孩子觉得凡事都必须要找到唯一正解。但是,比起得出正确答案,在今后的时代,人们更需要的是提出假设的能力。

28 最好的学习就是"犯错"

你是不是不喜欢"犯错"呀？实际上，犯错反而会促进我们的大脑发育呢。因为当预想落空时，多巴胺就会大展身手。所以，犯多少错，大脑就会得到多少长进。犯错时就是大脑最好的学习契机。不要慌，不要怕，尽情地去尝试吧！

教科书中没有教的、真正的"学习力"养成方法

给爸爸妈妈的话

大脑会通过犯错来学习，否定出错反而会剥夺孩子学习的机会。

29 把学习当成游戏去玩吧

（最后的难题）
终极大魔王来啦！

教科书中没有教的、真正的"学习力"养成方法

玩游戏很开心,学习很无聊!

如果你是这么想的话,把学习当成游戏来玩就好啦。

"假如 20 分钟内写完作业,就会得到 30 个积分!"如此这般带着玩游戏的感觉来学习的话,渐渐地大脑就会信以为真,变得兴奋起来。这么一来,当学习本身变成了一件令人愉快的事情时,你的脑力就会得到大幅提升。

给爸爸妈妈的话

如果对学习以外的事情,孩子也能像玩游戏那样,带着玩心去努力的话,就会刺激大脑,行动力和注意力就会得到提升。

30 找到一个适合自己的做法

也许有人认定了自己"不擅长学习",但实际上,并没有"不会学习的大脑"。人类的大脑有各种各样的类型,既有那种只听课就能理解的兔子型大脑,也有那种擅长多花时间、深入思考的乌龟型大脑。所以,如果能试着改变做法和环境,找到一个适合自己的学习方法的话,学习就会变得快乐起来。

教科书中没有教的、真正的"学习力"养成方法

给爸爸妈妈的话

有时,孩子不擅长学习其实是因为学校的教育方法不适合他。遇到这种情况的话,请帮孩子找到适合他的教育方法吧!

31 提出问题比回答正确更重要

教科书中没有教的、真正的"学习力"养成方法

虽然迄今为止，对人类来说，解答问题的能力十分重要。但是，在今后的时代里，提出问题的能力比寻求正解的能力更为重要。就拿智力竞赛来说，出题的人要查阅各种各样的资料、进行各种思考等，所以，出题比找答案更能锻炼脑力。

所以，让我们多找"为什么"，不断地向大人展开问题攻势吧！问"为什么"是一件非常具有创造性的事情，会成为改变世界的力量。

给爸爸妈妈的话

孩子喜欢提各种问题。问题对孩子的大脑来说犹如食物。而且，怀有疑问才能促使人行动。

32 就"强词夺理"吧!

教科书中没有教的、真正的"学习力"养成方法

当有人让你"不要老是看漫画,赶快学习"的时候,你有没有发出质疑:"看漫画不也是一种学习吗?"

乍一看,这种质疑好像是在强词夺理,实际上,它是一个很有道理的疑问呢。

虽然强词夺理会让大人不开心,可是学会跟大人辩论是十分重要的。这不仅能锻炼我们的逻辑思维能力,而且在一来一往的辩论中,有些问题或许能得到新的答案。

给爸爸妈妈的话

小孩子总是强词夺理可能会让大人觉得烦。但是,好好地解答他的质疑,恰恰能培养他的逻辑思维能力。

33 灵光往往闪现于发呆时刻

教科书中没有教的、真正的"学习力"养成方法

在繁忙的日程中保留"发呆时间"是非常重要的。不仅仅是在努力做某件事的时候,在无所事事的放松时刻,大脑也在"后台"工作着。

所以,在散步或者泡澡的时候,你可能会突然冒出一个有趣的想法。如果用脑过度的话,你就试着发个呆吧。

给爸爸妈妈的话

在什么都不考虑的时候也是可以激活脑回路的。在此基础上进行大脑的"保养",就容易产生新的灵感。

34 在校外同样可以获取知识

无法去学校……

在家也能做的事

喜欢的音乐
想做的事情
想知道的事情
青蛙的成长
外国朋友

教科书中没有教的、真正的"学习力"养成方法

以前，除了学校以外，孩子们基本没有其他地方可以学习知识和人际交往。但是现在，因为有了网络和社交网站，孩子在校外也照样可以学到知识，可以跟他人取得联系。

假如真的存在无法到校上课的客观原因，如天气恶劣等，偶尔不去学校也无妨。

给爸爸妈妈的话

孩子可能会因为一些情况无法到校学习，家长可以帮助孩子通过其他途径获取知识。

学习，不仅仅是上课认真听讲

我的孩提时代 ④

我在小学入学的那天，并没有一直老老实实地坐在座位上。我不是两只脚摇来晃去，就是托着腮帮子左瞅右瞧，最后被老师点名提醒了。在教室后面观看的家长们全都笑我，令我感觉非常羞愧呢。

二年级的时候也是，上课时我用橡皮泥做人偶被老师发现了，结果就被罚去教室后面站着了。

就是这样的一个我，后来将在创造新游戏、参加社团等活动中培养出来的能量都变成了学习的能力。所谓学习，肯定不仅仅是上课认真听讲而已吧？

5 提高"沉迷力",成为"理想的自己"

现在你最感兴趣的事情是什么呢?

如果有一件能让你热衷到忘我的事情,那么尽管"沉迷"进去好了。因为越是有"沉迷体验"的人,越能得到提升。

35 索性废寝忘食吧

现在有没有让你特别沉迷的事情呢?

昆虫也好,舞蹈也罢,游戏也行,什么都可以。总而言之,先沉迷于自己喜欢的东西吧。如果能沉迷到废寝忘食的地步,就能将你体内沉睡的能力激发出来。

特别需要说明的是,与其沉迷于别人做的东西,不如沉迷于自己从无到有创造的东西,后者会更令大脑兴奋呢。

提高"沉迷力",成为"理想的自己"

喂,早点回家呀!

又来!

给爸爸妈妈的话

因沉迷于某一方面而废寝忘食,是会锻炼孩子的"地头力"①的。这种能力应该趁着年幼的孩子好奇心强时,进行特别锻炼。

---

① 地头力:这是一个在日本商界中很流行的词。它是一种现场瞬间反应的能力,一种不依赖已有的经验和知识、从零开始的思维突破能力。

36 "玩"出新发现

无论是发现还是发明,很多"新事物"不是在拼命思考的时候产生的,而是在玩耍的时候产生的。

动物在玩耍的时候,大脑的变化最大。人类也一样,越是经常玩的人,头脑越灵活、工作能力越强。这样的例子有很多。

"玩"其实是一种富有创造性的行为,与"学"息息相关呢!

提高"沉迷力",成为"理想的自己"

给爸爸妈妈的话

有很多伟大的发明或者发现是在玩耍的过程中产生的,这正是"玩=学"的绝佳例证。

37 不管那么多，先试试再说！

不管那么多，先试试再说！

提高"沉迷力",成为"理想的自己"

你有过一直思考也得不到答案,最终什么也没做的经历吗?

虽然爱思考是好事,但是,因为想得太多而无法付诸行动是非常可惜的,对吧?

重要的是"马上行动起来"。尤其在这样一个瞬息万变的时代,如果有自己想尝试的事情,即便不知道这样做是否正确,也不要管那么多,先试试再说!

给爸爸妈妈的话

成长速度快的人不是考虑好了再去做,而是边做边思考的。因为不做做看的话,就不会知道这样做是正确的还是错误的。

38 "玩物"未必丧志

提高"沉迷力",成为"理想的自己"

如果对别人都不感兴趣的事物说"好喜欢",你也许会被人说成"奇怪的家伙"。但是,你完全不需要将这种话放在心上,不必有太多顾虑,全身心地投入自己感兴趣的事情中就好。

"玩物"说白了就是对某件事物热爱甚至达到痴迷的程度。这样的专心与热情其实是成就志向最好的温床。今后的时代会是专注于喜欢的事情的孩子能够抓住大机会的时代。

给爸爸妈妈的话

不管是学医还是学程序设计,最需要往精深方向钻研的能力。那些总把自己喜欢的东西挂在嘴上的孩子将来会大有作为的,您大可放心。

39 以博学为目标吧

擅长深入挖掘一件事的人很厉害,但是,最厉害的人不会仅仅对一个领域了如指掌,他通常同时懂得很多领域的知识。兼具深度和广度的"T字型"人才,在今后的时代会大放异彩。

提高"沉迷力",成为"理想的自己"

给爸爸妈妈的话

既能对一件事情进行深入的思考和挖掘,又能涉猎广泛,这样双管齐下,孩子就能养成坚持到底的能力。

40 找到自己专享的世界

提高"沉迷力",成为"理想的自己"

在做选择或者做决定的时候,你会选择受欢迎的选项,还是不受欢迎的选项?

假如你想要的是不受欢迎的东西,也许这是一件幸运的事情呢。因为能对别人不关心的事情怀有兴趣的人,是在仔细观察这个世界的。或许你会在这个小小的世界里,找到那个只属于自己的无限宇宙。

给爸爸妈妈的话

如果你的孩子沉迷于周围的孩子不感兴趣的事,这说明他有属于自己的坚定不移的喜好标准。请充分肯定孩子的这种个性吧!

41 有什么不明白的就马上去查一下

奇怪？！
这是什么呢？

有啦！

提高"沉迷力",成为"理想的自己"

"最小的恐龙是什么?"当脑海中冒出这样的疑问时,你会怎么办呢?是在网络上搜索,还是查阅百科全书呢?怎么查都行,重要的是马上就去查。因为当你关注某件事的时候,马上去查后查到的内容是很容易记住的。

另外,在查找答案之前多思考、多猜测也是很重要的。这样就会取得理想的调查学习结果。

查一查

给爸爸妈妈的话

疑问产生的时候,大脑就已经做好了记忆的准备。所以,在关注某件事的时候马上就去查,记忆会更容易在大脑中扎根。

42 "完成力"是从"三天打鱼，两天晒网"开始的

无论学习什么课程，坚持下去都是比较困难的。即便是"三天打鱼，两天晒网"也要想"已经坚持三天了"才好。不要把"三天打鱼，两天晒网"当成失败的经历，而要把它当作成功的经验。"接下来坚持四天试试！"这样一点儿一点儿地提高目标，不断积累小小的成功经验，不知不觉中就能培养出"完成力"了。

提高"沉迷力",成为"理想的自己"

嗒嗒嗒

睡觉中……

那是一座什么城呢?

稍微休息一会儿……

给爸爸妈妈的话

"完成力"的水平跟与生俱来的智商或者才能没有关系。朝着目标不懈努力才会取得成功。

沉迷于喜欢的东西的能力很重要

我的孩提时代 ⑤

小时候的我很喜欢昆虫。在我刚上小学的时候,妈妈介绍我认识了一位正在研究蝴蝶的大学生。自那以后,我就忘我地迷上了蝴蝶。为了追逐蝴蝶,就连最讨厌的作业我也会抓紧时间写完。当时的我每天穿梭在树林里,能琢磨蝴蝶好几个小时。

当时并没有"宅"这个词,但是我总觉得自己跟朋友是有点儿不太一样的。不过,这并没有让我感觉孤独,反而成了我开始对科学感兴趣的契机。

喜欢对自己感兴趣的事情不断地深入挖掘,这份热情对成年之后的自己也会有莫大的助益哟。

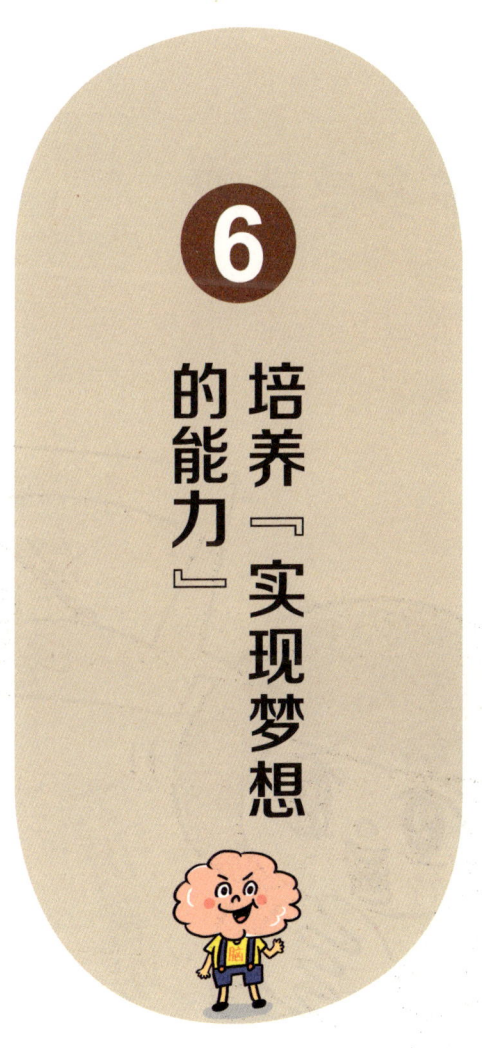

6 培养『实现梦想』的能力

当你找到梦想的时候,为了实现它,从现在开始,你就有很多事情可以做。

为了成为"理想的自己",让你的身心全面行动起来吧!

43 多多感动吧

培养"实现梦想的能力"

最近有没有让你觉得"好厉害"的事发生呢?

事实上,"感动"是大脑发育的最好契机。

当你感动的时候,体内的感情计量器指针会失灵,大脑会沐浴在超大量的信息当中。

每一次感动都会让你的人生更上一层台阶。要创造更多与感动相逢的机会,才能在人生中节节攀升。

给爸爸妈妈的话

我们在感动的时候,大脑就会最大限度地调动记忆和情感,使脑力爆表。请尽可能地创造机会,让孩子体验更多的感动吧。

44 越经常把梦想说出来，越容易顺利实现它

培养"实现梦想的能力"

你长大之后想成为什么样的人?你的梦想是什么呢?

如果你的梦想是"成为足球运动员"或者"成为西点师"的话,那就经常把这个梦想说出来吧。

越是经常把强烈的想法说出口,大脑就越容易受到自我暗示,从而变得认真起来。相反,如果总是说些消极的话,大脑也会变得消极。所以,经常把梦想说出来吧!

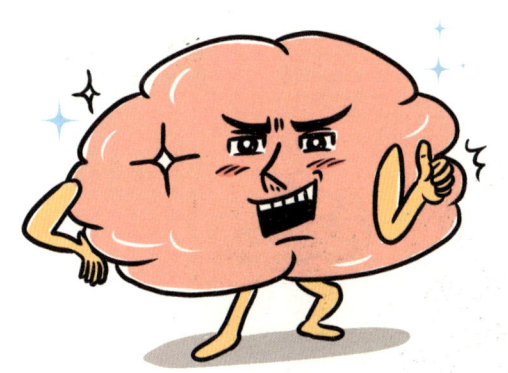

给爸爸妈妈的话

语言是从几亿个神经细胞的活动中产生的。"脑"这个管弦乐团,会根据"语言"这位指挥家的指挥来改变行动。

45 寻找师父

无论是恐龙、动漫还是时尚,如果你有特别喜欢的东西,周围却没有懂行的人的话,那就去找个师父吧。因为在学校之外,有很多比你更熟悉、更沉迷于那个领域的人。

如果能够找到师父,你的世界将会更加开阔辽远。

培养"实现梦想的能力"

师父

给爸爸妈妈的话

在爸爸妈妈和老师之外的"师父"也很重要!请您通过打听或网络搜索等方式帮孩子找个好师父吧!

46 找出自己的不足

  运动也好,学习也罢,当你一帆风顺的时候,就会觉得"我好厉害啊",对吧?

  但是,不能仅仅满足于此哟!越是成功的人,越会感觉"这还不够",然后去寻找自己的不足之处。

  所以,你如果能在一帆风顺的时候找出自己的不足的话,就会突飞猛进哟。

培养"实现梦想的能力"

47 不要给自己妄下定论

全新的！

现在的我

给爸爸妈妈的话

曾经内向的孩子变得爱社交了，一向散漫的孩子一到特定领域就能集中注意力了……这样的例子也有很多吧？可见，孩子的大脑里隐藏着很多可能性！

培养"实现梦想的能力"

清晰的自我认知非常重要,但是,给自己妄下定论(比如"我就是什么什么样的")那就太可惜了。即便认为自己并不擅长跟人交谈,但如果遇到志趣相投的朋友,你也许就会变得能说会道了。

不管在多大年纪,人都是可以焕然一新的。所以,一直想着"我也许会变"的话,你就会不断发现新的自己。

48 成为漫画主人公："本公"在此

培养"实现梦想的能力"

虽然漫画或者动画片都是虚构的,但是,里面的人物也会结交小伙伴并且齐心协力地战胜敌人,有时候还会在挫折中成长,这其实跟现实世界是有相像之处的,对吧?

所以,让自己"成为"漫画或动画片中的人物是一种非常好的体验。因为这可以让你模拟各种各样的人生。看漫画的时候,把自己想象成其中的人物是完全没有问题的呀!

给爸爸妈妈的话

无论是漫画还是电影,将自己想象成里面的人物的时间越长,就越能实现一种对现实世界的模拟。

49 锻炼完胜人工智能的"直觉力"吧

培养"实现梦想的能力"

你应该有过凭直觉去做决定的经历吧?

实际上,这是人工智能无法做到的事呢。人类虽然在计算速度方面比不过人工智能,但是如果比直觉的话是不会输的!

虽然无法解释为什么凭"直觉"会那样选择,但那是自己的身体凭借以往的经验选出的答案。

所以,多活动活动身体,锻炼"直觉力"吧。

给爸爸妈妈的话

"直觉力"是发乎身体的。可以让自己的身体去尝试各种各样的体验,通过行动来锻炼"直觉力"。

50 大脑没有"已达极限"的概念

当不停碰壁的时候,你会不会觉得"已达极限"了呢?

其实,人类的大脑是没有极限的。大脑的潜力是没有"天花板"的,即使是你觉得"做不到"或者"已经结束了"的时候,实际上还有很多东西你是可以学习或是可以做到的。

因此,比起"已达极限","还差得远呢"这种想法才会让你的大脑迅速提升。

培养"实现梦想的能力"

还差得远呢!

已达极限啦!

咚

给爸爸妈妈的话

如果大脑认定了"这就是终点"的话,就无法成长了。只要它觉得"我还能行",那么无论多大年纪,都有可能成长。

写给爸爸妈妈的话

孩子们能感知未来

当今世界瞬息万变,社会规则日新月异。在今后的时代里,父母一辈信奉的成功秘诀和经验或将不再适用。

面对这种情况,为孩子的教育而苦恼的爸爸妈妈也不在少数。但是实际上,很多时候,孩子们心中已经做出了正确的判断。

孩子具有利用五感感知未来走向的能力。并且,他们已经开始创造新的世界和文化了。他们熟练使用着社交网站和软件,痴迷于大人们毫不了解的明星。现在的孩子们,在大人目光不及之处创造了一个只属于他们的世界。

喜欢打游戏的孩子成了职业玩家,喜欢唱卡拉OK的孩子变成了网红主播,这是一个可以把兴趣发展成职业的时代。孩子们比大人们更早、更敏锐地感受到了这种新变化。

培养"实现梦想的能力"

现在,大人们应该做的就是信任孩子们,让他们去做自己喜欢的事情。当然,这并不是说大人可以放任不管孩子,而是说应在孩子苦恼或者失败的时候给予抚慰。这一点也至关重要。

本书里面所写的"挑战力""失败力"等能力,是很难在孩子长大成人之后再培养的。为了让孩子具备在今后这个"没有答案的时代"里生存下去的能力,应该从小给他们夯实"不怕失败,勇于挑战"的基础。

我衷心希望:本书能成为对创造新未来的孩子们和守护他们的大人们来说很有意义的一本书。

茂木健一郎